我的动物园
MYZOO

哺乳动物 卷

刘小涵／主编

华予智教／图

天地出版社

MY 目录
ZOO CONTENTS

入口

偶蹄馆

偶蹄馆

POP CORN

偶蹄馆

POP CORN

再见

地球上的哺乳动物

哺乳动物的主要特征

　　在现存的数百万种动物中，只有6000余种哺乳动物，虽然数量不多，但哺乳动物却是脊椎动物中最高级的的阶段，也是与人类关系最密切的一个类群。尽管各种哺乳动物的样子不同，生活方式也不一样，但大多数都比较容易辨认，只有蝙蝠和鲸鱼，有的人会把它们看作是鸟类和鱼类。

　　地球上的哺乳动物都有以下几个特征：

　　1. 所有哺乳动物都是恒温动物；

　　2. 它们的皮肤上长着毛发或皮毛；

　　3. 用肺呼吸；

　　4. 有一副骨骼；

　　5. 大部分都是胎生，幼崽靠喝母亲的奶成长。

　　哺乳动物是温血动物，它们的身体可以产生足够的热量，它们的毛皮可以防止体温的散失，所以能保持身体的恒温，只有少量哺乳动物的身上几乎不长毛发，比如鲸鱼等水中的哺乳动物，它们的皮下有一层厚厚的脂肪，既能保暖又便于在水中保持浮力。陆地上的大象、犀牛和河马，由于它们生活的环境气温较高，所以它们不需要厚厚的皮毛来保暖。

　　由于哺乳动物能保持体温，所以即使在寒冷的季节和恶劣的环境中依然能活动，保持旺盛的生命力。

除了鸭嘴兽和针鼹外，哺乳动物的孩子先在母亲的身体里生长发育，大多数未出生的哺乳动物都在母体内安全地生长，并且在出生后还能从母亲的乳汁中获得营养，得到很好的哺养和照料，这大大提高了后代的出生率和生存竞争力。

哺乳动物的神经系统高度发达，大多数哺乳动物的大脑也比其他动物发达，它们有超越本能的行为，学会怎样面对周围的世界。所有动物中智商最高的动物有：狗、海豹、鲸、猴子、类人猿和人类。

哺乳动物是怎样进化的

最初的哺乳动物出现在大约2亿年前，早期的哺乳动物呈鼠状，尚未进化，它们的祖先是小的爬行动物，这些早期的哺乳动物必须时刻警惕高大、凶猛的恐龙发起的袭击，所以大的哺乳动物是没办法存活的。

大约6500万年前，恐龙灭绝了，小型哺乳动物的天敌不复存在了，在温暖潮湿的气候条件下，哺乳动物得到空前大发展，有的物种的体形也增大了。通过不断进化、演变，所有主要的哺乳动物群相继出现，它们逐步适应了陆地上的生活，成为陆地上占支配地位的动物，也有少数的哺乳动物种群依然生活在海洋中，例如海豚、鲸鱼、海豹和海牛等。

现代哺乳动物在各大陆间进行迁徙混杂，不同的地理和生态环境产生了适应不同生活条件的动物群，多种生态环境中的哺乳动物也就逐渐形成了。

在哺乳动物不断的进化过程中，自然界也发挥了重要作用。气候和环境的变化，使大量的爬行动物不能适应新的环境，导致大量种群灭绝消亡，这使哺乳动物进化成为脊椎动物中数量占多数的一支。

哺乳动物的族谱

科学家把现存的哺乳动物划分为三类：卵生或单孔目动物，有袋或有袋目哺乳动物，胎生哺乳动物。

如今大多数哺乳动物是胎生哺乳动物，出生前由母体内的胎盘养育。

由于哺乳动物是由爬行动物进化来的，所以最初的哺乳动物还是采用卵生的繁殖方式，现在单孔目的鸭嘴兽和针鼹就是卵生的哺乳动物。

有袋目动物也属于最初的哺乳动物，它们在8000万年前就出现在了地球上。通过对化石的辨认，现在的负鼠和8000万年前的负鼠有几乎相同的外貌，所以负鼠也是脊椎动物的一个"活化石"。

鸭嘴兽以及有袋目的祖先，很快就被胎生哺乳动物打败，因为胎生哺乳动物的幼崽在出生之前就在妈妈的肚子里发育完全了，这些幼崽发育成为成年个体的能力，明显要强于发育不成熟的有袋目幼崽和卵生的单孔目幼崽。

哺乳动物对环境的适应

虽然所有的哺乳动物在很多方面是相似的，但也有各自独特的生活方式和生活习性。哺乳动物依靠四肢来寻找食物和逃避敌人，它们的四肢在不断地进化着。在水中生活的海豹和鲸，它们的四肢变成了鳍状肢，使它们在水中能快速游动；在辽阔草原上生活的袋鼠和马，它们拥有能跳跃或快速奔跑的长腿；树栖的松鼠能用灵活的锐爪在树上攀爬；鼹鼠能用呈铲形的前爪来挖掘地洞，便于在地洞中隐藏休息；蝙蝠靠连接在它们的指和前、后肢骨骼上的皮膜在空中飞行、觅食。

每一种哺乳动物都有同自身饮食相适应的特点。牛和马等食草动物的牙齿平阔，便于把草料磨成浆，再通过长而复杂的肠子把它消化掉；而狮子和老虎等食肉动物，则有能刺穿猎物、撕碎肉食的利齿。许多哺乳动物身体的某部分被用作武器，用以捕捉猎物和袭击敌人，比如豹子有利齿和锋利的爪子；一些哺乳动物为了防御被其它动物吃掉，它们身体的某些部分具有特别的功能，例如豪猪身上披有尖刺。还有很多哺乳动物靠奔跑或隐蔽在树林里和洞里来躲避敌人。

哺乳动物生活的地方

哺乳动物几乎遍布整个地球。北极熊和北极狐生活在气候恶劣的北部冻土地带以及北冰洋的整个冰层上，长颈鹿和羚羊吃着非洲大草原上的嫩草，树懒科动物和猴群居住在南美原始丛林的树冠上，在深深的海洋里有鲸鱼和海豹不时出没，在高高的山顶上有雪地山羊和野生山羊攀爬陡峭的山崖，在山谷中还有小山兔和土拨鼠在修筑它们的家园，而空中则被蝙蝠占据着。

有的哺乳动物会不停地迁徙，以便于觅食或逃避寒冷的冬天。比如非洲的角马和斑马，到了旱季，它们为了寻找新鲜的草料，会结成上万头的大群，集体迁徙；而生活在山顶的山羊，在天气寒冷时，会向温暖的山谷迁移；水中的灰鲸，到了秋天也会南行数千里，进入到温暖的水域。

有的哺乳动物会划定自己的地盘，它们排斥并驱逐误入来的同类雄性动物，一般食肉动物的地盘都很大。

有的哺乳动物只生活在特定的区域。比如所有的单孔目动物和大多数有袋目动物，只生活在澳大利亚或澳大利亚附近地区，某些猴子和树懒只生活在南美和中美洲。大多数羚羊生活在非洲，而狐猴除马达加斯加外别无生存之地，大熊猫也只生活在中国的西部山区。

处于危机中的哺乳动物

　　一些哺乳动物品种繁多，而另一些哺乳动物却日渐稀少。蝙蝠和啮齿动物有数百种之多，而犀牛却只有5种，野马只有1种，总共差不多有700种（亚种或变种）的哺乳动物数目稀少，这使科学家不得不得出它们将可能全部灭绝的结论。

　　目前，几乎所有面临危险的哺乳动物都受到人类的威胁：人们砍伐森林，填平沼泽，在乡村筑路和修建城市，破坏了哺乳动物的栖息地，使哺乳动物在野生世界中消失。稀有动物遭到诱捕和猎杀，还有一些则被倾入江河湖海的农用化肥杀死。海洋中的哺乳动物，也面临着气候变化、海水酸化、过度捕捞等因素的威胁。

　　动物保护者们通过把动物放在动物园中饲养，已经挽救了阿拉伯大羚羊、金狮等一些稀有动物，然而、挽救哺乳动物的最佳方式还是保护它们的居留地，政府可以专门立法把森林、草地和沼泽留作动物的自然保护区。中国的大熊猫、白鳍豚、金丝猴、雪豹等都是需要重点保护的哺乳动物，国家也建立了很多自然保护区。

　　那些受到威胁的动物一旦消逝，地球将会变成一颗十分乏味的行星，在丰富多彩的哺乳动物的世界中，它们是很重要的环节。

单孔目动物是最原始又是最特殊的哺乳动物，因为它们会生蛋，世界上只有鸭嘴兽和两种针鼹是卵生的哺乳动物，但它们也像别的哺乳类动物那样，能分泌乳汁，并用母乳来养育幼仔。

单孔馆

zhēn yǎn
针鼹

针鼹身上有坚硬的刺，嘴巴呈管状，没有牙齿，舌头很长并带有黏液，它用舌头取食白蚁和蚂蚁等。针鼹有育儿袋，卵就在育儿袋里孵化出小针鼹，奶汁会从特殊的细孔中分泌出来供小针鼹舔食。当遇到天敌时，它会蜷缩成球，或把有倒钩的刺刺入敌人体内。

鸭嘴兽

yā zuǐ shòu

鸭嘴兽外形像鸭子，所以叫鸭嘴兽。成年的鸭嘴兽没有牙齿，雄性鸭嘴兽后足上还有毒刺，是极少数用毒液自卫的哺乳动物。鸭嘴兽是卵生的哺乳动物，它没有奶头，但在肚子上有一个小袋能分泌乳汁，小鸭嘴兽是靠舔乳汁长大的。

有袋目动物约有250种，大多数生活在大洋洲，喜欢以植物为食，所以居住在植物繁茂的森林或草地上。因为它们没有真正的胎盘，所以它们发育不完全的幼仔只能爬到妈妈腹部的育儿袋内生活，直到长大后才能离开育儿袋。

有袋馆

dài huān
袋獾

袋獾是袋獾属中唯一未灭绝的成员，身形与一只小狗差不多，行走时也像狗一样总在不停地嗅地面，以便找到更多的食物。喜欢吃昆虫、蛇和鼠类，有时候也吃腐烂的肉，偶尔也吃些植物。母袋獾喜欢把未成年的小袋獾背在背上。

红袋鼠

红袋鼠中只有雄性体色是红色或红棕色，雌性体色都呈蓝灰色，体长最大可达2米以上，是袋鼠类中体形最大的。它们善于跳跃，一次能跳7~8米远，1.5~1.8米高。尾巴又长又大，既可以支撑身体，又可以作跳跃时的平衡器。

shù dài xióng
树袋熊

又叫考拉，是澳大利亚的国宝。它嗅觉特别发达，能轻易地分辨出不同种类的桉树叶，还善于攀树，喜欢吃桉树叶，每天要在树上睡18个小时，以消化食物中的有毒物质，但它非常胆小，一受到惊吓就连哭带叫，声音好像刚出生不久的婴儿。

fù shǔ
负鼠

负鼠多数具有能缠绕的长尾，因此母负鼠能随身携带幼鼠到处奔跑。平时，负鼠喜欢生活在树上，常常夜间外出，捕食昆虫、蜗牛等小型无脊椎动物，也吃一些植物性食物。负鼠遇到天敌时，会"装死"来躲避。

贫齿目动物的种类和数量都不多，主要分布在美洲，也是最原始的有胎盘的哺乳动物之一。除食蚁兽没有牙齿外，多数有牙齿，但没有门牙和犬牙，而且它们的牙齿构造简单，没有齿根，所以它们的牙齿能终生生长。

贫齿馆

dà shí yǐ shòu
大食蚁兽

现存4种食蚁兽中体形最大的，体长可达1.8~2.4米，它的眼睛和耳朵都极小，可以防止蚂蚁爬入，细长的舌头能自如地在管状无牙齿的嘴巴里伸缩，舌头上的黏液能轻松地粘住蚂蚁和白蚁，一天最多可吃掉3万只蚂蚁。它还有一根长约1米的蓬松多毛的尾巴。

管齿目动物有奇特的管状构造的牙齿，它们的牙齿能终生生长，但没有门牙和犬牙。管齿目动物特别善于挖洞，喜欢独自生活在较深的洞穴中。夜间出来找蚂蚁、白蚁和其他昆虫吃，有时也吃植物果实。现存的管齿目动物只有1种。

管齿馆

tǔ tún
土豚

土豚又叫非洲食蚁兽、蚁熊或土猪，是一种身强力壮的动物。"土豚"在非洲语中意思是"土猪"。耳朵很长，吻像猪，舌头长而且黏，爪子强而有力，善于掘洞，在草原和林地生活，夜行为主，是食虫动物，靠吃蚂蚁和白蚁为生。

鳞甲目动物一共有8种穿山甲。它们全身都有坚硬的角质鳞甲，遇到敌害时会卷成球状，并把头部埋在里面，变成一个鳞甲球。鳞甲目动物生活在森林、丛林或大草原上，喜欢晚上活动，吃蚂蚁、白蚁和其他昆虫。

鳞甲馆

chuān shān jiǎ
穿山甲

穿山甲体形狭长，全身有坚硬的鳞甲，遇到敌害或受惊时会蜷成球状来保护自己。嘴巴尖但没有牙齿，舌头细长并能伸缩，带有黏性唾液。它用灵敏的嗅觉来寻找蚁穴，用强健的前爪掘开蚁洞，最后用长舌来舔食蚂蚁和白蚁。

全世界一共约有400种食虫目动物。它们是较原始的有胎盘的哺乳动物，体形都比较小，吻部又长又尖，嗅觉十分灵敏，但大脑不发达。大多数食虫目动物是夜行性动物，喜欢吃昆虫和蠕虫等食物。

食虫馆

xīng bí yǎn
星鼻鼹

星鼻鼹是游泳能手，拥有适于挖洞的大脚，所以洞的出口通常都在水底。能够方便它们在河或池塘的底部搜寻食物。它的鼻尖上长着22只触手，像一只美丽的海葵，这使它每秒可以识别和吃掉多达12个物体，是哺乳动物界最快的进食者。

鼹鼠

yǎn shǔ

鼹鼠向外翻的脚掌上有利爪，像两只铲子，掘起土来又快又好，扁平的身体构造能让鼹鼠在狭长的洞中快速前进。它挖的隧道四通八达，里面潮湿，有蚯蚓、蜗牛等虫类，这些都是它的食物。鼹鼠的视力完全退化，所以它白天住在土穴中，夜晚才出来。

xiǎo qú jīng
小鼩鼱

是世界上最小的哺乳动物，体长4～6厘米，体重只有3～5克，外形有点像老鼠，眼睛细小，视觉差，但听觉和嗅觉很灵敏。它动作敏捷，并用含有毒素的唾液捕捉比它体形更大的昆虫或其他小动物。它每天至少得吃同自己体重一样重的食物。

刺猬

刺猬身上长着粗短的棘刺，连短小的尾巴也埋藏在棘刺中，当遇到敌人袭击时，它的头朝腹部弯曲，身体蜷缩成一团，浑身竖起钢针般的棘刺，使袭击者无从下手。到了冬天，刺猬就在巢穴中冬眠，体温会下降到6℃，这时的刺猬是世界上体温最低的动物。

树鼩

shù qú

树鼩的体形像松鼠，尾巴上的毛也像松鼠一样是蓬松的，它善于攀爬，行动敏捷，但胆子小，容易受惊，如果长时间受惊，处于紧张状态时，就会体重下降、臭腺发育受阻，母树鼩会丧失生育力，甚至死亡。一般在土堆上挖洞做穴，有的也会在树上筑巢。

现在的皮翼目动物只有两种鼯猴，生活在东南亚的热带雨林中。因身上拥有和鼯鼠一样可以用来滑翔的皮膜，所以它们属于哺乳动物中比较特殊的皮翼目。它们在树上生活，滑翔能力非常强，爪子有力，可以紧紧抓住树枝。

bān wú hóu
斑鼯猴

斑鼯猴长着与蝙蝠相似的皮膜，虽然不能够飞翔，但能在树木间灵活地滑翔。白天休息时，要么用四肢抱住树干休息，要么就头朝下、脚向上倒挂在洞壁或树枝上睡觉。以植物为食，肠管是体长的10倍，内含大量微生物，有助于消化植物纤维。

翼手目是哺乳动物中的第二大类群，现存900多种，总称蝙蝠。它们是夜行性动物，可以像鸟一样用翼持久飞行，其中以昆虫为食的种类都有回声定位系统（雷达），能在完全黑暗的环境中飞行和捕捉食物。

翼手馆

xī xuè fú
吸血蝠

吸血蝠是哺乳动物中特有的以血作为食物的种类。它锋利如刀的上门齿能切开动物皮肤，然后舔食流出的血液。它们白天成群倒挂在山谷洞穴的顶壁，午夜前飞出山洞搜寻食物。它们的嗅觉和听觉很灵敏，能根据回声确定猎物及障碍物的位置和大小。

hú fú
狐蝠

因为头长得像狐狸，所以叫狐蝠。大型的狐蝠，两翼展开长达1.5米，是世界上最大的蝙蝠。最小的无花果果蝠的翼展开不到15厘米。狐蝠科的成员都以植物为食，靠嗅觉发现食物，喜欢倒挂在树上休息。

长鼻目动物是哺乳动物中体形较大的一类，通称大象。嗅觉、听觉发达，视觉较差。生活在森林、大草原以及河谷等地带，它们喜欢一大群生活在一起，以植物性食物为食。

fēi zhōu xiàng
非洲象

非洲象身体庞大，是陆地上最大的哺乳动物。它们耳朵比亚洲象的耳朵大，不论雌雄都有长而弯的象牙，而且象牙会不断生长。它们的鼻子非常敏感和灵巧，都喜欢洗澡或做泥浴，干旱时它们会长途跋涉去寻找水源。

yà zhōu xiàng
亚洲象

体形比非洲象小，只有雄性亚洲象长有大而长的象牙，雌象的牙较小，不伸出口外。大象的鼻子非常敏感和灵巧，它们用象鼻来呼吸、闻味、吸水以及携握物品。大象的嗅觉和听觉也很灵敏，它们可以用次声波进行远距离交流。

奇蹄目动物是大型食草动物，因趾数多为单数而得名，现在存活的奇蹄目动物只有17种，一般生活在草原上或森林中。奇蹄目动物只有一个简单的胃，但它们的盲肠大，可以协助消化食物中的植物纤维。

奇蹄馆

xì wén bān mǎ
细纹斑马

细纹斑马又叫格氏斑马。全身的黑白条纹比其他斑马细密，是体形最大、形态最美的斑马。它们的尾巴很长，奔跑时高高扬起，起到平衡身体的作用。常与草原上的羚羊、长颈鹿和鸵鸟等一起生活，以抵御天敌。

shān bān mǎ

山斑马

是体形最小的一种斑马。它有一对像驴一样的大长耳朵，喉部有垂肉，全身有黑白相间的条纹，腹部为白色。喜欢群居，每群斑马有领队，还有哨兵轮流站岗，一旦发现敌情，就会立即发出"警报"并一起逃跑。

pǔ shì yě mǎ
普氏野马

普氏野马的鬃毛直立，不像家马垂于颈部的两侧，腰背中央有一条黑褐色的脊中线，尾巴粗长，几乎垂至地面。普氏野马的染色体有66条，比家马多出一对。野马感觉灵敏，警惕性高，奔跑能力强。

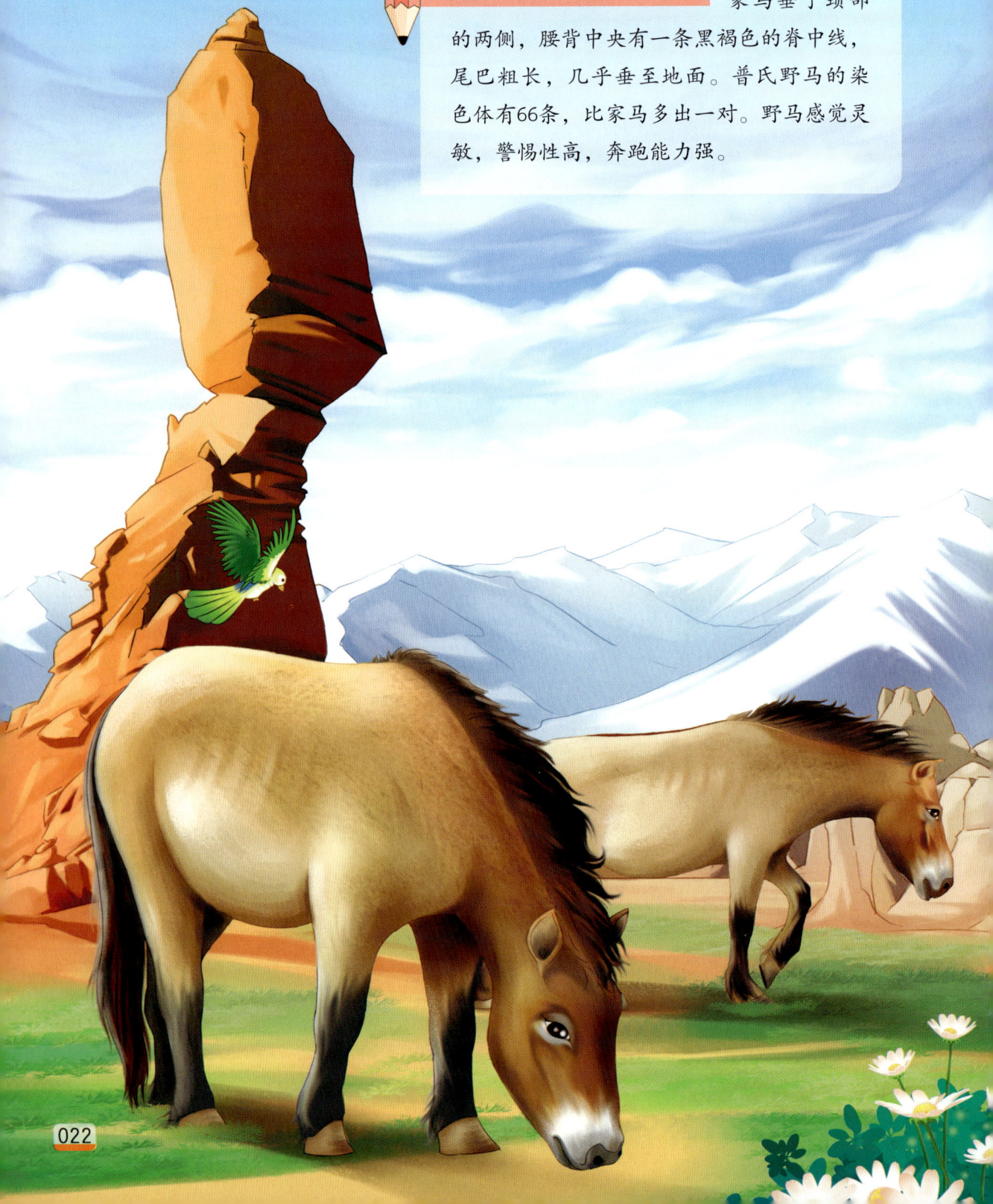

蒙古野驴

外形像骡，蹄比马小但略大于家驴。擅长奔跑，警惕性高，好集群生活，有随季节短距离迁移的习性。耐干渴，可以数日不饮水，在干旱缺水的时候，能找到合适的地方，用蹄刨出大水坑来饮用。

023

fēi zhōu yě lú
非洲野驴

非洲野驴，被认为是驴的祖先。耳朵比亚洲野驴长，肩部有一道黑色横纹。生活在东非草原及其他干旱半干旱地区。耐热和烈日暴晒，常由一头机警的雌驴带领，结成小群活动。现已濒临灭绝。

bān lú
斑驴

前半身像斑马，后半身像马，又叫半身斑马、拟斑马。只有头到身体的前半部有条纹，腹部和四肢均为白色。奔走速度很快，有"草原骑士"之称。已于19世纪后期灭绝。

shān mò
山貘

貘科中最小的一种，长着短而灵活的鼻子，口鼻部覆盖着浓密粗糙的硬毛，身上的毛长略有卷曲，腹部的毛更加细软，所以又被称为毛貘。善于游泳和潜水，能适应山区的寒冷环境。

中美貘

zhōng měi mò

全身棕黑色，唇边、耳尖、喉和胸部有白色斑块，这是中美貘独有的特征。它的鼻子较长，可以灵活伸缩。生活在茂密的热带雨林中，善于游泳和潜水，夜间行动时会发出特殊的尖哨声或喷鼻声。

马来貘

mǎ lái mò

又叫亚洲貘、印度貘，貘类中最大的一种。头部、肩部、前肢和后肢为黑色，其余部位都是白色的。它的鼻子很长，并且能够自由伸缩，游泳时长鼻子可以伸出水面来呼吸，走路时鼻端几乎贴着地面。善于奔跑、游泳等。

南美貘

nán měi mò

南美貘鼻子长，身上的毛短而光滑，颈背部有短鬃毛，幼兽有纵行白纹和斑点斑纹。它听觉敏锐，警惕性很高，善于游泳，以各种多汁的水生植物及其他草类为食。

bái xī
白犀

白犀是体形最大的犀牛。皮肤光滑，体表呈灰色，只有耳边和尾端有毛，鼻梁上长着两只坚硬锋利的长角，管道状的耳朵可以旋转，所以它的听力很好。白犀牛的上嘴唇平而宽，吃起草来就像割草机一样，所以也叫宽吻犀、方吻犀。

黑犀

hēi xī

黑犀皮厚无毛，鼻骨上长两只角，前面的角较长，奔跑时尾巴下垂。它的上嘴唇比较尖，并有卷绕性，在取食的时候可以剥取枝条上的叶子。为了防止昆虫叮咬，它经常在泥土中打滚，所以看起来比较黑。

yìn dù xī

印度犀

印度犀的皮肤很硬，皮上有许多圆钉头似的小鼓包，在肩胛、颈下及四肢关节处有宽大的皮褶，看起来就像是穿了一件盔甲。雄性鼻子前端的角又粗又短，而且十分坚硬，所以又称为大独角犀牛。

现存的偶蹄目动物约有220种，是主要的食草动物，为了缩短进食时间和加强消化食物，大多数偶蹄目动物还能将吞下去的食物吐出来反刍。它们善于奔跑，大多数种类都是一大群群居在一起。

偶蹄馆

zhōng guó huáng jǐ
中国黄麂

又称小麂。雄麂具有尖端相对的短角和大獠牙，听觉敏锐，稍有惊动就跑进草丛或森林中隐蔽起来，受惊时会发出短促洪亮的类似狗叫的声音。

méi huā lù

梅花鹿

背上长着梅花一样的白色斑点，还有一条黑色的背中线，臀部、腹部和尾巴大部分为白色。雌鹿无角，雄鹿的头上有一对很大的鹿角，鹿角每年脱角一次。梅花鹿奔跑迅速，跳跃能力很强，姿态也很潇洒。

mí lù
麋鹿

因为它头脸像马、角像鹿、颈像骆驼、尾像驴，所以又称四不像。麋鹿有宽大的四蹄，善于游泳。雄麋鹿还长着一对形状迷人的角。

tuó lù
驼鹿

驼鹿是世界上最大的鹿科动物。它的头又长又大，但眼睛较小，喉部有一个长满毛的颌囊，因其高耸的肩部像骆驼的驼峰而得名。成年雄驼鹿头上有呈掌状分支的角，并且每年更换一次。

驯鹿
xùn lù

又名角鹿。雄雌都生有一对树枝状的鹿角，并且每年更换一次。驯鹿蹄大而宽阔，适于在雪地和崎岖不平的道路上行走，所以，驯鹿在部分地区被用作交通工具。也有驯鹿给圣诞老人拉车的传说。

páo zǐ
狍子

狍子又称矮鹿、野羊。有明显的黑鼻子、黑眼睛、白屁股，虽然有尾巴，但尾巴短得都被身上的毛给遮住了。雌狍无角，雄狍有一对短角。听觉、视觉和嗅觉都很灵敏，奔跑能力强。

zhāng zǐ
獐子

又称河麂，是不长鹿角的鹿，也是最原始的鹿科动物。它有对直立的大耳朵，尾巴很短，几乎被臀部的毛所遮盖，雄兽有露出口外的獠牙。獐子生性胆小，受惊扰时狂奔如兔，能在水中游很长的距离。

白唇鹿

因唇的周围和下颌为白色，所以叫白唇鹿，也叫岩鹿、白鼻鹿、黄鹿，是青藏高原的特有物种。雌鹿头上无角，雄鹿的角可达1米长，有4~6个分权，因其角权的分叉处特别宽扁，所以也叫扁角鹿。

ān gē lā cháng jǐng lù
安哥拉长颈鹿

又叫烟长颈鹿，它们身上的斑点较大，边缘有缺口，并延伸到整个下肢。长颈鹿的舌头不怕荆棘，能吃多刺的叶子。

马赛长颈鹿

又称乞力马扎罗长颈鹿，是非洲特有的动物，最高的长颈鹿身高可达6米，是陆地上最高的动物。它淡黄色的皮肤上长着像葡萄叶一样参差不齐的深巧克力色的斑点，边缘呈锯齿状，膝盖以下也长着花斑。

网纹长颈鹿

wǎng wén cháng jǐng lù

又称索马里长颈鹿，它的耳朵可以灵活转动，雌雄都有包着皮肤和茸毛的小角，眼睛突出并位于头顶，能看清四周的情况。全身有棕黄色的网状斑纹，斑纹呈多边形，斑纹之间有明亮的白线。耐渴，能连续数周不饮水，是动物园里常见的长颈鹿。

南非长颈鹿

它们身上的斑点较圆，有时呈星状，底色呈浅褐色，并延伸到整个下肢。由于腿部过长，长颈鹿需要叉开前腿或跪在地上才能喝到水。

科尔多凡长颈鹿

kē ěr duō fán cháng jǐng lù

科尔多凡长颈鹿身上的斑点较小，形状也不规则，斑点延伸到下肢的腿内侧。它们遇到敌害攻击的时候，能以60公里的时速进行短距离奔跑，还能用蹄子猛踢敌害，踢一下就可以将狮子的骨头踢碎。

努比亚长颈鹿

nǔ bǐ yà cháng jǐng lù

努比亚长颈鹿身上的斑点呈四方形，斑点为栗色，底色是白色的，腿内侧及膝盖以下没有斑点。长颈鹿能够睁着眼睛睡觉，所以它每天的睡眠时间不到2小时，是睡眠时间最短的哺乳动物之一。

huò jiā pí
獾狐狓

獾狐狓臀部和腿的上部有像斑马一样的黑白条纹，耳朵很大，很像长颈鹿脖子变长之前的模样。雄兽有两只带鹿茸的短角，雌兽没有角。獾狐狓蓝色的长舌头不仅能灵活地卷取树上的嫩叶吃，还能清洁眼睛和耳朵。

dān fēng tuó
单峰驼

单峰驼只有一个驼峰，擅长在沙漠中奔跑，有"沙漠之舟"的称号。单峰驼走路时总是同一侧的前后蹄同时迈步。它们会通过跺脚及奔跑来表现心中的不快，因经常"吐口水"和"踢腿"，而给人坏脾气的印象。

双峰驼

双峰驼背上有两个驼峰，它的颈长而弯曲，脚很大，善于长途奔走。耐饥渴、高温、严寒，能够抗风沙，它们可以十多天甚至更长时间不喝水，在极度缺水时，双峰驼可以将驼峰内的脂肪分解成水和热量。

原驼

原驼是一种温顺的食草动物，有一身精柔、华贵的绒毛，但没有驼峰，是家养骆驼和羊驼的野生祖先。公原驼会用身体互撞和吐口水的方式来进行地盘争夺。

měi zhōu tuó
美洲驼

也叫无峰驼。它的体形高大，身上长满长长的驼毛，被激恼时会喷吐唾沫。温顺的美洲驼见到狗会追着狗跑，有时甚至会踢它们，这种激烈的反应其实是美洲驼的一种本能反应。南美人很早以前就将它驯化，用它来驮运货物。

yáng tuó
羊驼

羊驼体形像绵羊，没有驼峰，身上的毛又长又光滑。

羊驼性情温顺，聪明又通人性，他们可以通过摆姿势和柔和的哼唱声来进行交流。每群十余只或数十只，每群中仅容1只成年雄驼存在。

luò mǎ

骆马

骆马视觉发达，不会鸣叫，只能偶尔发出低沉的"吭吭"声。在遇到危险时，雄骆马会发出警报，同时还会挺身向前去护卫雌骆马撤退。

河马

hé mǎ

河马是世界上嘴巴最大的陆生哺乳动物，它有一颗重达100公斤的大脑袋，脚趾间有膜相连，身体上几乎没有毛，为防止被阳光晒脱水，每天大部分时间都泡在水中，但却不会游泳。河马能分泌一种叫"河马汗"的红色液体来防晒和防蚊虫叮咬。

倭河马
wō hé mǎ

身长只有河马的一半，体重是河马的十分之一。与河马比，头圆且短，眼睛在头的两侧，皮肤黝黑锃亮。它们性情温顺，通常单独或成对生活，白天泡在水里睡觉，晚上在树林间找食物。也像河马一样分泌"河马汗"。

máo niú
牦牛

牦牛是生活在海拔最高处的哺乳动物。具有耐苦、耐寒、耐饥、耐渴的本领，对高山草原环境条件有很强的适应能力，善走陡坡险路、雪山沼泽，能游渡江河激流，有"高原之舟"的称号。

shè niú
麝牛

麝牛是北极最大的食草动物，雄麝牛在发情时会散发出一种类似麝香的气味，又称麝香牛。麝牛头上长着一对坚硬无比的角，是防卫及决斗的有力武器，身上有厚厚的绒毛和下垂到地上的长毛，可承受零下40℃的低温。

印度野牛

yìn dù yě niú

外貌似黄牛但体形巨大，是世界上体形最大的野牛。因四肢膝盖以下的毛是白色的，就像是穿了白色的长筒袜，所以又叫白肢野牛、白袜子。性情凶猛，嗅觉和听觉极为灵敏。雄兽和雌兽均有角，但雌兽的角较小。

měi zhōu yě niú
美洲野牛

像驼峰一样的肩部长满了长而蓬松的粗毛。它们冬季向南方迁移，春季向北方迁徙。美洲野牛成群生活在草原上，它们经常把躯体靠在大石头和树干上磨蹭，以此来除掉身上的寄生虫。

yà zhōu shuǐ niú
亚洲水牛

约在公元前4000年被驯化。能在泥浆中行走自如，特别适宜于水田耕作、拉车。因汗腺不发达，常在池塘中浸泡、打滚，借以散热和防止蚊虫叮咬。

fēi zhōu shuǐ niú
非洲水牛

体形巨大，耳朵比亚洲水牛大，虽是食草动物，但却是最可怕的猛兽之一。非洲水牛有时会组成数百头的大方阵高速冲向入侵者，即使是狮子也要给它们让路。

líng niú
羚牛

羚牛长相奇特，头如马、蹄如牛、尾似驴，其体形介于牛和羊之间，但牙齿、角、蹄子等更接近羊，可以说是超大型的野羊，是偶蹄目里的"四不像"。它头上的角呈扭曲状，又称扭角羚。

mó lā shuǐ niú
摩拉水牛

俗称印度水牛。体形高大，四肢粗壮，头较小，角如绵羊角，呈螺旋形，耳朵薄而下垂。母牛乳房发育良好，是世界上著名的乳牛品种。

zàng líng yáng
藏羚羊

藏羚羊是我国的珍稀物种。它们每个鼻孔内有1个小囊，这让它们在空气稀薄的高原上也能畅快呼吸、快速奔跑。雄性藏羚羊头上长有竖琴形状的角，而雌性没有角。夏季，雌藏羚羊会千里迢迢到可可西里生育。

xǐ mǎ lā yǎ tǎ ěr yáng
喜马拉雅塔尔羊

又叫长毛羊、塔尔羊。雄羊比雌羊体形大，雄羊头上的角也比雌羊角粗大，正面看两个角呈倒"人"字形。雄羊肩部和颈部还有又长又密的鬣毛。十分机警，难以接近，是身手敏捷的登山好手。

yán yáng
岩羊

典型的高山动物，因喜欢攀登岩峰而得名。雌雄都有角，雄性角粗但并不长，双角呈"V"形。成群活动时，常有公羊在高处瞭望，当敌害接近时会迅速奔向高山裸岩地带，由于毛色与岩石极其相近，因此不易被发现。

pán yáng

盘羊

俗称大角羊、盘角羊。它比较耐寒，善于爬山，能在悬崖峭壁上奔跑跳跃，来去自如。雌雄盘羊都有角，但雄性角特别大，呈螺旋状扭曲一圈多，而雌羊角形状简单，呈镰刀状。

hēi bān líng
黑斑羚

只有雄性长角，身体像羊，耳朵像驴子，所以又叫"岩驴"。

黑斑羚以其优雅的姿态和杰出的跳跃能力而出名，善于在悬崖峭壁间灵活地跳跃，就连被狮子追逐时，也会优雅地蹦跳腾跃。

xuán jiǎo líng
旋角羚

因其头上长着螺旋扭曲的角而得名。它们的前额处有一块深色的毛，而脸部却很白。它们极少喝水，还能凭借宽大的蹄子在松软的沙土上行走自如，是最适应撒哈拉沙漠气候的一种羚羊。

角马

外形像牛，头上有两个弯角；身体像羚牛，但有长鬃毛；尾巴像马尾，所以叫角马，又叫牛羚。干旱季节，不同的小群角马汇聚成上百万头的大群一起迁移，构成世界上最壮观、最惊心动魄的大迁徙。

yuán yáng
羱羊

又叫北山羊、悬羊、野山羊等。它非常善于攀登和跳跃，有弹性的踵关节和像钳子一样的脚趾，能够自如地在险峻的乱石之间纵情奔驰，即使敌害也无可奈何。雌兽角较小，而雄兽的角很长，像两把弯刀。

长颈羚
cháng jǐng líng

因体形细长优美而著称。它不仅脖子长，四肢也很细长，奔跳速度很快，并且动作十分优美。它们经常用后腿直立，前腿支着树干，伸长脖子与躯体成直线。它们像长颈鹿一样用上唇和舌头扯高处的新鲜嫩树叶吃。

niǎn jiǎo shān yáng
捻角山羊

又名螺角山羊，以那对卷曲的、螺旋形的大角而著称。公羊的角长达1.6米，而雌羊的角却很短。公羊的颈部及胸部还有白色长毛，可长至膝盖。

四角羚

因雄羊有独特的4只角而得名。后面的两只角较长，在耳朵之间，前额上的两只角较短，有时只有黑色的皮肤突起。雌羊一只角都没有。

cháng jiǎo líng

长角羚

长角羚脸上和前额有黑斑，眼睛的两边、身体和腿上都有黑色的条纹。体色呈白色或浅灰色。雄性和雌性都有很长、很尖的角，有的笔直，有的弯曲。当它们受伤或没有退路时，就会把头低下，尖角朝前，进行自卫反击。

tiào líng
跳羚

是最善于跳跃的羚羊，一跃可高达3～3.5米。雌雄跳羚都有角，尾巴根是白色的，尖端有黑毛。当它受惊开始逃跑时，身上会出现一条明显的白脊，以此向同伴报警。在干旱季节会结成大群进行长距离迁移。

高鼻羚羊

gāo bí líng yáng

高鼻羚羊鼻骨高度发育并卷曲，致使鼻部特别隆大而膨起并向下弯，因此得名。体毛棕黄色，冬季毛灰白色。雄性有美丽的羚羊角，角呈琥珀色的半透明状，向阳光透视时，角尖内有血丝和血斑。

大捻角羚
dà niǎn jiǎo líng

身上有窄而垂直的白色条纹，两眼间有一道山形的白色斑纹。公羚的喉部有穗状长毛，颈背部有鬃毛。公羚的角很大并扭曲，雌羚没有角。成熟的公羚之间会用角来互抵，如果双方的角缠绕在一起无法分开，它们就只能等死了。

弯角大羚羊
wān jiǎo dà líng yáng

弯角大羚羊是野外灭绝物种。它纤细弯曲的双角长达1米，除颈部为赤褐色外通体白色。栖息于沙漠和半沙漠地区，它可以10个月不喝水。为了保存体内的水分，它可以长时间不排尿。只有当外界温度超过46.5℃时才出汗。

紫羚羊
zǐ líng yáng

也叫宽角羚。雌雄都有角，角呈螺旋形扭曲。不结群，听觉灵敏，奔跑迅速。它能用角来挖掘植物根茎，也可以把前肢搭在树干上，使身体直立来吃高处的枝叶。喜欢吃草木灰，并从中取得身体需要的盐分。

汤姆森瞪羚

tāng mǔ sēn dèng líng

汤姆森瞪羚身材较小，体态优美，体形类似于鹿，头上的角很短，腹部有黑色横纹。发现捕食者时，会通过跳跃向同伴发出信息，是非洲草原上仅次于猎豹的短跑亚军，通常跟随在角马大军的后面行动。

草原西猯

cǎo yuán xī tuān

背部有一道深色的斑纹，肩上和口的周围有白毛，上犬齿向下，而不像野猪那样向上向外。草原西猯会以不同的叫声来沟通，常将背部分泌的腺体擦在树上作记号。

huán jǐng xī tuān
环颈西貒

外形和习性与猪非常相似，但体形比猪小。尾巴极短，有一条白色带横过胸部，背部皮下有一个臭腺，能发出强烈的气味。用口鼻刨食，结成小群生活。因西貒喜水，常伴湍急的流水而居，又远居西半球，所以得名。

bái chún tuān
白唇猯

体形较大，尾巴极短，背部皮下有一个臭腺，能发出强烈的气味。嘴巴四周毛色白，用口鼻刨食，犬齿向下，是强有力的攻击性武器。成大群活动，战斗力强，几乎没有动物敢招惹它们。

马麝
mǎ shè

马麝是体形最大的一种麝。雄麝上犬齿发达，能分泌麝香。马麝活动路线固定，只有冬季道路冰封时，才不得不绕道而行。马麝行动敏捷，喜欢跳跃和攀登悬崖。雄麝会将尾腺的分泌物涂抹在树桩或岩石上来标记领域。

林麝
lín shè

是体形最小的一种麝。因雄麝能分泌麝香而闻名，又叫香獐。雄性上犬齿特别发达，犹如獠牙。林麝将尾脂腺的分泌物擦在树干、树桩等处，以作领域标识。后肢长度远超前肢，能在山崖峭壁间蹦跳自如。

又名褐麂、黑獐子。全身皮毛为黑色或黑褐色，没有颈纹，蹄子大而宽厚。雄麝能分泌麝香。经常在早晨和黄昏出来觅食。

喜马拉雅麝

xǐ mǎ lā yǎ shè

喜马拉雅麝毛色比马麝和林麝深，上下唇和耳的内侧均为白色，臀部为鲜艳的黄白色，没有颈纹。雄麝上犬齿发达，能分泌麝香。活动规律与马麝类似。

lù tún
鹿豚

又名鹿猪。因牙状似鹿角而得名，雄性鹿豚长有4只突出唇外、向上长的奇特的长牙，但这中看不中用的牙，既不是武器，也不是工具，而是雄性的炫耀器官。鹿豚善于游泳，奔跑速度很快，听觉和嗅觉非常好。

疣猪
yóu zhū

疣猪的两眼下面各长出一对大疣，因此得名。雄疣猪在吻部还有一对可以保护眼睛的小疣。雄疣猪的上獠牙很长并向上弯，短而尖的下獠牙可当刀用。疣猪喜欢在泥地里打滚淋浴，和它一起生活的黄犀鸟常啄食它们身上的寄生虫。

非洲野猪

fēi zhōu yě zhū

毛色砖红至黑灰色，头顶至脊背有一条浅色毛，最典型特征是雄性的眼下有疣，面部有鬃，鬃毛花白。非洲野猪在高草和苇丛中掘洞为巢，昼伏夜出，性情凶猛，善于游泳。

wō zhū
倭猪

又名姬猪，皮肤棕黑色，体有硬毛，无面疣，成年雄性的牙会伸出唇外。野生倭猪会挖一个浅沟并垫上植物作为窝。小猪出生时是粉灰色的，然后变为棕色底的黄色条纹。

yě zhū
野猪

雄性有獠牙并向上翻转，又称山猪。野猪的嗅觉特别灵敏，它们可以用鼻子搜寻出埋在2米深的积雪下面的一颗核桃，野猪的鼻子还可以用来挖掘洞穴或当武器。现在的家猪就是在8000年前由野猪驯化而来的。

大林猪

dà lín zhū

皮肤灰色，并被粗糙的暗褐色或者黑色鬃毛覆盖，激动时脖子上会竖起一绺鬃毛。他会在领地中央的固定地点排泄，粪便的高度可达1.1米。每天花1个小时在泥地里打滚，通过"哼哼"的叫声来进行远近距离的交流。

家猪

家猪身体肥壮，鼻子较长，生来就具有拱土觅食的特性。猪的性情温驯，易于饲养，生长繁殖快，品种很多。猪是最早被人类驯服的动物之一。人们不但吃猪肉，还用猪的皮来制革等。

须猪
xū zhū

须猪颊部有显著的面疣和白色的毛须，因此得名。须猪体形古怪，头大身小，浑身长满长毛，嘴巴和鼻子也都是毛茸茸的，尾巴细细的像一条小棍子，喜欢整天泥里拱，土里钻。

啮齿目动物约有2000多种，是哺乳动物中种类最多的一个类群，占哺乳动物的40%~50%。它们一般体形较小，有两对尖锐的门牙并能终生生长，因此它们喜欢啃咬坚硬的物体来磨短门牙。

啮齿馆

tún shǔ
豚鼠

豚鼠长得胖乎乎的，很招人喜爱。因头部长得像猪，又叫荷兰猪、天竺鼠。上唇分裂，四肢较短，喜欢多只挤在一起。人工培育出许多品种，现在被当作宠物在世界各地饲养。

huáng shǔ
黄鼠

眼睛大而圆，俗称"大眼贼"。警惕性高，出洞后喜欢直立瞭望，遇到敌害时，能迅速地打洞逃避。一年中有半年时间活动，剩下半年在冬眠。它还是鼠疫菌的主要携带者和传播者。

hé lí
河狸

河狸全身绒毛厚而柔软，背部有粗针毛，门齿锋利，能咬断较粗的树木，尾巴上有角质鳞片，后肢趾间有蹼，善于游泳和潜水。分泌的"河狸香"是四大动物香料之一。夜间活动，不冬眠。河狸还能用树枝、石块和软泥来垒堤坝。

huā shǔ
花鼠

因背上有5条明暗相间的平行纵纹而得名，也叫"五道眉"。尾巴上的毛长而蓬松，呈扫帚状，行动敏捷，善于爬树，经常会发出刺耳的叫声。有贮存食物和冬眠的习性。

土拨鼠
tǔ bō shǔ

有条可爱的尾巴和一对长长的门牙，模样十分讨人喜欢。土拨鼠善于挖掘地洞，胆子小但很机警，它们经常察看四周的情况，还专门有负责放哨的土拨鼠。它们不贮存食物，靠体内贮存的脂肪来冬眠。

海狸鼠

体形肥胖笨拙，外形像河狸，嘴侧长着粗硬的白色胡须，门齿大而长，呈橘红色，鼻孔有闭合肌，在潜水时能完全闭合，耳孔内有特殊的活瓣，潜水时可防止水流入耳内。大部分时间在水中生活，擅长游泳和潜水。

毛丝鼠

前半身像兔子，后半身像松鼠，眼睛大，耳朵长，尾巴上的毛长而蓬松，全身长满均匀的绒毛，就像丝一样致密柔软，以皮毛柔软漂亮而闻名于世。因长相与动画片中的龙猫相似，在一些地区也叫它龙猫。

fēi shǔ
飞鼠

外形类似松鼠，尾巴长，毛也很蓬松。它的前肢和后肢之间，有一层像降落伞一样的膜连接，因此它们可以像滑翔机一样在两棵树之间滑行60米以上。飞鼠主要在傍晚和夜间活动。

褐家鼠
hè jiā shǔ

又叫大耗子。打洞穴居，多在夜间活动，行动敏捷，嗅觉与触觉都很灵敏，警惕性高，但视力差，记忆力强。是主要的害鼠。

sōng shǔ

松鼠

松鼠长着毛茸茸的长尾巴，体态端庄轻盈，十分逗人喜爱。松鼠夏季全身红毛，秋冬则会更换成黑灰色的冬毛。能用长钩的爪和尾巴倒吊在树枝上。秋天时会在地上或树洞里储存果实等食物，以备冬天食用。

跳跃兔

tiào yuè tù

它的头像兔子，但后肢和尾巴很长。它们会像袋鼠一样用后肢跳跃，可以跳起2米多高。白天住在复杂的地洞中，晚上出来活动。它挖掘地道时，耳孔前面的耳珠能盖住耳洞，从而防止沙粒进入耳朵。

巢鼠

cháo shǔ

是体形最小的鼠类之一，耳朵里有三角形的耳瓣，能将耳孔关闭。尾巴长并有缠绕性，常利用这一特性协助四肢在农作物上或枝条间攀爬觅食，偶尔也在浅水中游泳。

shuǐ tún
水豚

因体形像猪且水性好而得名，是世上最大的啮齿动物。身长超过1米，尾巴退化，只留下一点痕迹，所以有人叫它"没尾巴的大老鼠"。擅长游泳和潜水，遇到危险时会迅速跳进水中逃跑。

shè shǔ
麝鼠

全身绒毛致密，是珍贵的毛皮兽。前腿有点像人的手，后腿上长有蹼，善于游泳和潜水。因公鼠身上有一对特殊的麝鼠香腺，能产生类似麝香的分泌物，故称其为麝鼠。麝鼠香是名贵中药材，也是制作高级香水的原料。

cāng shǔ
仓鼠

长相奇特，小巧玲珑，十分逗人喜爱，常被当作宠物饲养。仓鼠最有趣的是常把食物藏在腮两边，等到了安全的地方才吐出来。仓鼠的门牙会不停地生长，所以它们经常啃咬硬的东西来磨牙。

háo zhū
豪猪

又称箭猪。它的背部、臀部和尾部都有黑白相间的坚硬长刺，尾巴极短，尾巴上的棘刺就像"小铃铛"一样能发出响声。受惊时，尾部的棘刺立即竖起，刷刷作响以警告敌人。

沟齿鼠
gōu chǐ shǔ

生活在加勒比海地区，长着一个细长的粉红色的尖鼻子，它锋利的牙齿中能释放出致命的毒液，可以让猎物迅速瘫痪。沟齿鼠善于挖洞，它白天藏在地洞里，晚上出来活动。喜欢吃落下的香蕉树叶子，也吃动物尸体和昆虫。

睡鼠

身上有厚密的软毛，尾巴与身体差不多一样长，长着毛茸茸的长毛，看起来很像松鼠。因为一生中有3/4的时间都在睡觉，所以叫"睡鼠"。一年中有大约9个月时间，睡鼠都处于冬眠的状态。

luǒ yǎn shǔ
裸鼹鼠

裸鼹鼠终生生活在黑暗的地下，过着有组织的群居生活。它们用大门牙来挖洞寻找食物，因眼睛高度退化，它们全靠身上长着的几十根触须来辨别方向。裸鼹鼠是变温的冷血动物，主要通过与环境的热交换来调节体温。

兔形目动物现在共有44种，是典型的食草动物，一般不喝水，具有双重消化的功能，会将自己排出的、还有很多营养的软粪便重新吃下去，以充分利用其中的维生素和蛋白质等营养物质。

cǎo tù
草兔

又叫跳猫、蒙古兔。不掘洞，终生生活在地面上，过着流浪生活。善于奔跑，听觉和视觉都很灵敏，多在夜里活动，一般不喝水。

yīng guó chuí ěr tù
英国垂耳兔

长相非常有趣，两只特别大的耳朵下垂着，耳朵比身体还要长。英国垂耳兔是人工培育的品种，现在世界各地当宠物饲养。

獭兔

tǎ tù

身上的毛绒细密、丰厚，外观光洁夺目，用手触摸毛有凉爽的丝绸感，是典型的皮用型兔，因其毛皮酷似珍贵的毛皮兽水獭，故称为獭兔。打洞穴居，喜欢啃咬木头来磨牙，听觉敏锐，耳朵能自由转动。

xuě tù
雪兔

生活在高山寒冷地区。冬天毛色雪白，夏天毛色多为赤褐色，脚下的毛多而蓬松，适于在雪地上行走。白天隐藏在洞穴中，夜间出来觅食。听觉和嗅觉发达。雪兔善于跳跃和爬山，也喜欢啃咬木头和洗浴。

北极兔

体形比家兔要大，有一身蓬松的绒毛，可以有效防止热量的散失。能随着季节的不同而改变自己的毛色，春夏秋三季为灰褐色，一到冬季则变为纯白色，这样便于伪装，让天敌难以发现。

鼠兔

外形像兔子，但身材和神态却像老鼠，所以叫鼠兔。有的品种没有尾巴。白天活动，常发出尖叫声，像兔子一样跳跃前进，喜欢吃牧草、蒿草及苔藓等植物，是草原的第一杀手。

高原兔
gāo yuán tù

是青藏高原的特有物种。体形较大，细软的体毛长而蓬松，耳朵又长又大。适于跳跃，奔跑迅速，在奔跑时还能突然止步、急转弯或跑回头路以摆脱追击。高原兔的前脚可以用来挖洞。

yīng guó ān gē lā tù

英国安哥拉兔

体形圆滚滚的，眼睛又圆又大，全身长满像丝绸一样光滑的、浓密的长毛，因为有点像安哥拉山羊而取名为安哥拉兔。是世界著名的毛用型兔，也可当作宠物兔。

食肉目动物现有250种。食肉目动物的体形矫健，肌肉发达，四肢有利爪，以利于捕捉猎物。它们大脑发达，感觉敏锐，反应迅速，动作灵敏。大多昼伏夜出，捕杀方式多种多样。

食肉馆

大熊猫
dà xióng māo

大熊猫的体形肥硕似熊，有着独特的黑白相间的毛色，脑袋上有一对八字形黑眼圈，犹如戴着一副墨镜，非常惹人喜爱。最喜欢吃竹笋和竹子。是中国的国宝。

xiǎo xióng māo
小熊猫

全身呈红褐色，四肢棕黑色，眼眶、两颊、嘴周围和胡须都是白色的，非常惹人喜爱。有一副小猫似的稚气脸谱，一条蓬松的长尾巴，尾巴上还有棕色与白色相间的九节环纹，因此也叫"九节狼"。

lǎo hǔ
老虎

老虎黄褐色的毛皮上有黑色横纹，它们的尾巴又粗又长，四肢强壮有力，还有长长的犬齿和大爪子，集速度、力量、敏捷于一身。生性凶猛，游泳技术高超，爬树技巧也很突出，是名副其实的"兽中之王"。

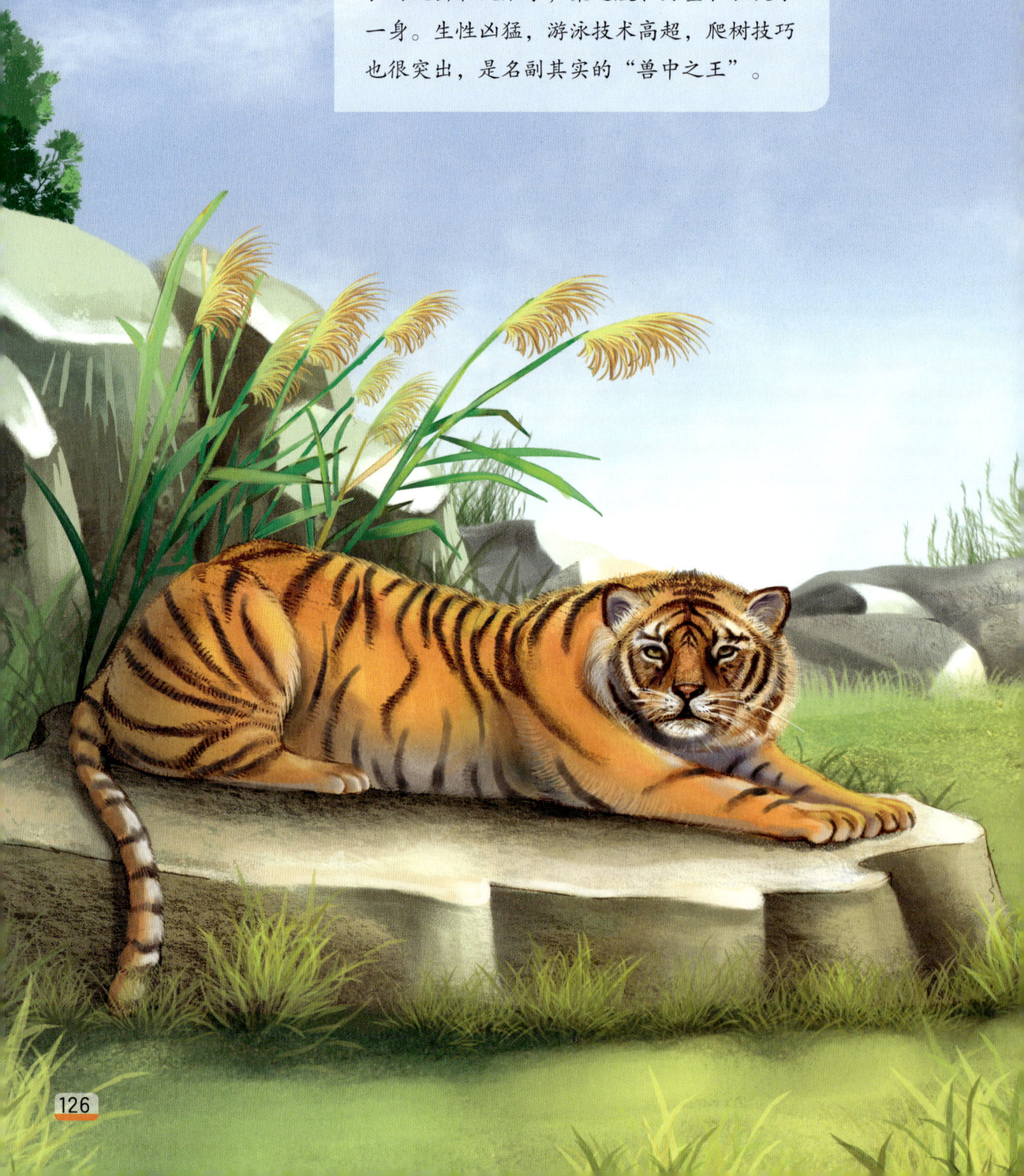

北极熊
běi jí xióng

为了适应北极的生活，它的四只爪垫上长有毛发，既方便在冰面上行走，还保暖。它身上的毛是中空的，既能保温隔冷，还增加了它在水中游泳的浮力。北极熊善于依靠敏锐的嗅觉来寻找冰面及冰层下的猎物。冬天，北极熊会冬眠。

xuě bào
雪豹

身体比猎豹小，灰白色的长毛上有黑色斑点和黑环，尾巴粗大，被誉为世界上最美丽的猫科动物。雪豹生活在高原地区，是独居动物。它们感官敏锐，性情机警，善于在陡峭的山崖上攀爬和跳跃。

zōng xióng
棕熊

棕熊体形巨大，更有一双有力可怕的大熊掌，在受到惊吓时会发起疯狂的攻击，一掌拍下去就能杀死一头和自身一样大的马鹿。棕熊的嗅觉和视力都很好。在寒冷的冬季，棕熊会在洞中冬眠，靠身上的脂肪来提供热量。

shī zǐ
狮子

身体威武雄壮，雄狮颈部还有很长的鬃毛，有"万兽之王"的美称。狮群善于集体捕猎，它们通常从四周悄悄包围猎物，并逐步缩小包围圈，有些负责驱赶猎物，其他狮子则等着伏击猎物。

liè bào
猎豹

猎豹身材修长，身上有很多黑色斑点，从嘴角到眼角还有一道黑色的条纹，是陆地上奔跑最快的动物，时速可达每小时120公里，不过耐力不佳，不能长时间奔跑，否则会虚脱。

chòu yòu

臭鼬

体形大小如家猫，两眼之间有一条狭长的白纹，从颈背到尾部有两条宽阔的白色背纹，尾巴很长。它们白天在地洞中休息，黄昏和夜晚出来活动。在遇到威胁时，臭鼬会转身背对敌人，翘起尾巴，喷出非常臭的液体，并散发出强烈的臭味。

mì huān
蜜獾

蜜獾敢于攻击很多动物，是世界上最无所畏惧的动物。蜜獾对蛇毒有很强的抵抗力，它敢吃眼镜蛇之类的毒蛇，不过，蜜獾最喜欢吃的还是蜂蜜，它与响蜜䴕结成了十分有趣的"伙伴"关系。

猞猁

有点像家猫，但比家猫大，前肢短，后肢长，最显著的特征是两耳的尖端都长着耸立的黑色长毛，很像戏台上武将戴的帽冠上的翎子。善于攀爬和游泳，遇到危险时会迅速爬到树上，有时还会躺在地上装死。

黄鼬

huáng yòu

俗名黄鼠狼。它们擅长攀援登高和下水游泳，还可以钻很狭窄的缝隙，是身子最柔软的动物之一。它们的肛门两旁还有一对臭腺，在遇到威胁时，可以排出臭气，起到麻痹敌人的作用。

紫貂
zǐ diāo

后肢比前肢长，脚趾上有肉垫和利爪，擅长爬树。紫貂听觉敏锐，行进中总是跑跑停停、边嗅边看，捕食和避敌时则连跑带跳。紫貂的皮毛称为貂皮，与人参、鹿茸并称为"东北三宝"。

liè gǒu

鬣狗

鬣狗奔跑迅速而且很有耐力，它们常组成几只或几十只团队，有组织地对斑马、野牛等大型动物进行围猎。鬣狗有超强的咬力，能咬碎骨头吸取骨髓，是非洲大草原上最凶悍的清道夫。它们还经常发出令人恐怖的嚎叫声和大笑声。

huān

獾

它的脸部有黑白相间的条纹，有类似猪一样的鼻子，牙齿极为锋利，能将铁锹咬断。獾依靠灵敏的嗅觉捕食猎物，它的爪子细长而且弯曲，善于掘土。獾是夜行性动物，有冬眠的习性。

láng

狼

狼的听觉、视觉和嗅觉都十分灵敏，极善奔跑，如果是长跑，狼的速度甚至会超过猎豹。狼是群居动物，它们很聪明，狼与狼之间可以通过气味、叫声来进行沟通。狼群经常会采取战术来围猎猎物。狼还是狗的祖先。

眼镜熊

yǎn jìng xióng

眼镜熊的眼睛周围有一对像眼镜一样的圈,所以叫眼镜熊。

最为独特的是,眼镜熊只有13对肋骨,而不是像其他熊科动物那样有14对肋骨。眼镜熊的食物来源丰富,所以它们不冬眠。

水獭

shuǐ tǎ

水獭身体呈流线形，体毛细密，有防水性，脚趾间有脚蹼，善于游泳和潜水，潜水时，它们的鼻孔、耳道会用防水瓣膜封闭起来。主要靠灵敏的视觉、听觉和嗅觉在河里寻找食物。

狐狸

hú lí

狐狸的肛门两侧各有一个腺囊，能放出一种刺鼻的臭气。它的嗅觉和听觉极好，行动敏捷，警惕性很高，而且极其聪明。主要吃昆虫、野兔和老鼠等，是一种益处多害处少的动物。

māo
猫

猫的脚底有肉垫，爪子能伸缩，所以猫行走时没有声音。猫的平衡能力极强，即使从高处掉下来，它也能在空中改变姿势并安全着地。猫需要大量的牛黄酸才能在夜间看清事物，所以猫喜欢吃富含牛黄酸的鱼和老鼠。

海獭

海獭外形像水獭，全身长有又厚又密的毛，它的后肢长，脚趾间长有蹼，尾巴呈扁平状，游泳时用来掌握方向。海獭擅长潜水，喜欢吃海底生长的贝类、海胆、螃蟹等。它们能聪明地用石块敲破坚硬的海胆壳吃里面的肉。

huī méng
灰獴

灰獴身体细长，体毛银灰色，又长又蓬松，腿很短，肛门附近有臭腺。灰獴善于攻击毒蛇，主要是利用敏捷的身手攻击毒蛇的头部，它能够持续不断地进攻毒蛇长达1个小时以上。

小灵猫
xiǎo líng māo

身上有斑块和条纹，尾巴上像小熊猫一样有几道环纹，善于爬到树上去捕捉小鸟、松鼠等。被敌害追袭时，可以喷射有恶臭的液体来御敌。小灵猫分泌的"灵猫香"是世界著名的四大动物香料之一。

北极狐

bĕi jí hú

冬季时全身体毛为白色，仅鼻尖为黑色，被人们誉为"雪地精灵"。北极狐的脚底上长着长毛，所以能在冰面上行走。北极狐身上有浓密的毛皮，即使气温降到零下四五十摄氏度，它们仍然可以忍受寒冷。

鳍脚目动物目前有34种，是由古代食肉类动物向水中发展演化出的大型食肉兽。身体呈流线形，鳍状肢，大部分时间生活在水中，在水下有回声定位能力。它们喜欢吃鱼类、贝类和软体动物，通常不咀嚼就整吞食物。

hǎi xiàng
海象

四肢呈鳍状，长着两枚巨大的长牙，长牙能刺入冰中帮助它在冰上匍匐前进。海象的皮肤在水中呈白色，在陆地上呈棕红色。海象能将头、肩和半个脊背露出水面，也能像蝙蝠、海豚一样靠声音定位来捕食。

海豹

海豹的身体呈流线型，上唇的触须长而粗硬，它的耳朵只剩下两个耳洞，游泳时耳朵可以自由开闭。海豹的鳍状后肢不能向前弯曲，所以它在陆地上爬行时显得很笨拙。海豹很聪明，加以训练，能表演玩球等节目。

海狮

hǎi shī

因叫声很像狮子吼，而且有的海狮颈部生有漂亮的鬃毛，所以得名。海狮的四肢像鳍，适于在水中游泳，它的后肢能向前弯曲，使它能在陆地上灵活行走。它们聪明、伶俐，经过训练，可以学会不少高超的技艺。

guān hǎi bào
冠海豹

冠海豹生活在北极。雄豹头上有一个黑色的皮囊，远远看去就像戴了一顶黑色的帽子，形状又有点像鸡冠，所以叫"冠海豹"。雄性冠海豹还有一个大型的弹性鼻囊，当它们被激怒时，鼻囊会膨胀成一个大大的红色气球。

海狗

hǎi gǒu

因其体形既像狗，又有点像海狮，因此得名。它们体表多毛，也被称为"毛皮海狮"。海狗喜欢群居，喜欢晒太阳，听觉和嗅觉灵敏，有洄游习性。

鲸目动物属于水栖兽类，一般分为须鲸类和齿鲸类，大约有80种。适应游泳，体毛退化、皮下脂肪增厚、前肢鳍状、后肢消失，有"背鳍"及水平的叉状"尾鳍"。具有胎生、哺乳、恒温和用肺呼吸等特点。

鲸类馆

mǒ xiāng jīng
抹香鲸

抹香鲸因头重尾轻，所以又叫"巨头鲸"。它体内有龙涎香，是珍贵香料的原料。抹香鲸只有左鼻孔畅通，所以它呼吸时喷出的雾柱以45度角向左前方倾斜。屏气潜水时间可长达1.5小时，能潜到2500米的深海，是哺乳动物中的潜水冠军。

hǔ jīng
虎鲸

虎鲸有一个尖尖的、弯曲的、长达1米的背鳍。它是唯一一种以海豹和其他鲸作为食物的鲸。它们就像陆地上的狼群一样，捕猎时，鲸群成员之间配合默契。虎鲸最典型的动作就是"跳跃侦查"。能发出62种不同的声音，是动物界中发声最复杂的种类。

zuò tóu jīng
座头鲸

座头鲸的嘴巴很大，还能张开呈90度。它智力出众，听觉敏锐，常发出类似"唱歌"的多种复杂声音，因此受到海洋生物学家和音乐家的钟爱。座头鲸性情十分温顺，它们之间也常以相互碰触来表达感情，活动时多一双一对活动。

露脊鲸
lù jǐ jīng

露脊鲸既没有背脊，也没有皮肤褶皱，它的特殊之处在于它可以永远平缓地划过水的表层寻找食物，这时它几乎有一半脊背露在水面上。露脊鲸体形肥胖短粗，脂肪有50厘米厚。它还有一个独特的标志——喷射出的水柱是双股的，高达4~6米。

lán jīng
蓝鲸

最大的蓝鲸体重约180吨，相当于15头成年非洲象的体重，是地球上最大的动物。

它头顶有2个喷气孔，喷出的气流会形成一股海上喷泉，高度可达12米。蓝鲸嘴里没有牙齿，只有300个鲸须板帮助它过滤磷虾。

海豚

海豚的大脑可以一半用于工作，同时另一半用于充分休息，因此可以终生不睡觉。海豚与蝙蝠一样是靠回声定位来判断目标的远近、方向、位置、形状，甚至是物体的性质。海豚有202颗尖细的牙齿，主要以小鱼、乌贼、虾、蟹为食。海豚还喜欢成群结队地在一起生活。

白鳍豚
bái qí tún

白鳍豚大约生活了2500万年，被誉为"水中的大熊猫"。

因长期生活在长江的浊水中，视觉和听觉器官严重退化，眼睛只有绿豆大，耳朵只有针眼大小的洞，但声呐系统特别灵敏，能在水中探测和识别物体。

jiāng tún
江豚

江豚生活在咸淡水交界的海域或大小河川的下游地带等淡水中。它可以发出高频的声呐信号和低频的时间信号。江豚喜欢跟在行驶的大船后面，随着浪花起伏游动，就像人在冲浪一样。

一角鲸

它们是海洋中的"独角兽"，雄性一角鲸有3米长的螺旋状牙齿，它们会以长牙互相较量，发出的声音就像两根木棒互击。一角鲸是非常会唱歌的鲸类，它们能作出滴答声、尖叫声，还会吹口哨来沟通或导航。

海牛目动物包括儒艮和3种海牛。外形有点像鲸类，身体呈纺锤形，身上有少量的刚毛，前肢变为鳍状，后肢退化，尾鳍也很宽大。它们现在主要在浅水地带生活，但在陆地上也能呼吸，还能用前肢在陆地上慢慢地移动身体。

rú gěn
儒艮

儒艮长相、食性都很像海牛，它与海牛的最大区别是尾巴的形状：海牛的尾部扁平略呈圆形，看起来就像一个大的桨一样；而儒艮尾部的形状与海豚尾部相似，尾巴的末端有分叉。儒艮还是童话里美人鱼的原型：当它在海上垂直竖起时，就像童话里的美人鱼。

hǎi niú
海牛

海牛是大型水栖食草动物，它的前肢呈桨状，没有后肢，用肺呼吸。海牛离开水以后，会不断地流出保护眼珠的液体，就像是在流泪一样。

灵长目动物约有180种，是目前动物界最高等的一个类群。它们大脑发达，两眼向前，大拇指与其他四指相对，能灵活地抓握物品。它们大多是社会性动物，能通过声音互相联系、交流，行为方式也比其他动物复杂。

灵长馆

yǎn jìng hóu
眼镜猴

眼镜猴因为长有一对奇特的大眼睛而得名。它的头能回转180度，手指和脚趾上还有吸盘一样的圆盘状的指垫，可以牢牢地攀附在树枝伤，还能凭借有力的后腿和保持平衡的尾巴在树枝间跳来跳去。

róng hóu
狨猴

狨猴是世界上最小的猴子，刚出生的小猴只有蚕豆般大小。狨猴性情温和，喜欢捉虱子吃，生活在南美洲亚马孙河流域的森林中。

zhǐ hóu
指猴

指猴除大拇指和大脚趾是扁甲外，其他指、趾都是尖爪，尤其是中指细如铁丝，可以用来抠树皮中的昆虫，掏取果壳里的果肉。它也是唯一没有犬齿的灵长类，而它的门齿却象啮齿类一样可以终生生长。

huáng dì juàn máo hóu
皇帝绢毛猴

长相怪异的皇帝绢毛猴长着长长的胡须，因为它的胡须看起来很像德国的一位皇帝而得名。它们行动十分灵活，整天在树丛间跳来跳去，喜欢吃水果、坚果、昆虫等。

fēng hóu
蜂 猴

又名懒猴、凤猴。生活在树上的蜂猴，不会跳跃，只会缓慢地攀爬，挪动一步需要12秒钟时间，所以又叫"懒猴"。它喜欢独来独往，吃野果和昆虫。

猕猴

mí hóu

猕猴适应性强，善于攀援跳跃，会游泳，也善于模仿人的动作，有喜怒哀乐等表情。喜欢群居，主要生活在热带、亚热带和温带的山林或石山上。

cháng bì yuán
长臂猿

长臂猿前臂很长，站立时手都可以触地。长臂猿是高空"杂技演员"，它们能像荡秋千一样，从一棵树快速荡到另一棵树上。长臂猿还是"歌唱家"，它们的声音清晰高亢，几公里之外都能听到，它们还能通过歌声来互相联络，表达情感。

tū hóu
秃猴

秃猴为稀有动物，主要分布于亚马孙河流域的某些森林中。以小群活动，常栖息在高高的树枝上。主要以果实和植物等为食。

长鼻猴

雄性长鼻猴鼻子会随着年龄的增长越来越大，最后形成像茄子一样的红色大鼻子，还会发出独特的喇叭般的叫声。它们激动的时候，大鼻子就会向上挺立或左右摇晃，样子十分可笑，但雌性的鼻子却比较正常。

zhī zhū hóu
蜘蛛猴

蜘蛛猴的身体和四肢都很细长，远远望去就像一只巨大的蜘蛛。它的尾巴异常灵活，不仅能协助攀援，像手一样灵活地采摘和拿取食物，还可以帮助散热和调节体温。遇到天敌时，蜘蛛猴会发出狗一样的狂叫，并不断地投掷树枝和粪便来赶走入侵者。

黑叶猴

hēi yè hóu

国家一级重点保护野生动物。体型与白头叶猴相似，但全身黑色，也是专吃树叶，有一身飞檐走壁的本领。黑叶猴少部分分布在越南北部，大部分栖息在我国的广西、贵州和重庆。

白头叶猴

因为头部高耸的一撮直立的白毛而得名。

它们长长的尾巴像船舵一样掌握方向，使它们能在树枝之间轻松地跳来跳去。喜欢吃树叶、嫩芽、野花和野果等。

yóu hóu
疣猴

疣猴算得上是猴类中最漂亮的了，因为它们身上的毛色多种多样，鲜明的颜色很吸引人。它们躯体纤瘦，臀疣很小，尾巴很长，尾巴末端通常有一撮毛，有的还呈球状。没有拇指或拇指已退化成一个小疣，故称疣猴。

红面吼猴

hóng miàn hǒu hóu

红面吼猴的吼声非常大，如果十几只猴子在一起大声吼叫，声音在1.5公里以外都能清楚地听到。吼猴身上褐红色的毛能随着太阳光线的强弱和投射角度不同，变幻出从金绿到紫红等各种色彩，十分美丽。它还有一根比身体还长的尾巴。

huán wěi hú hóu
环尾狐猴

狐猴的头部像狐狸，长尾巴上有黑白相间的节环，身上的毛柔软光亮，眼圈像大熊猫一样，有倒三角的额斑，会发出像猫一样的叫声。狐猴的身上有3处臭腺，既可用来作路标、记号，也可以用强烈的臭气来熏跑敌人。

山魈是最凶狠的和最大的猴。它长着一张像鬼怪的脸，因此人们称为山魈。雄性山魈脾气暴烈，气力极大，凶猛好斗，敢同猛兽搏斗。

白面粗尾猿

bái miàn cū wěi yuán

白面粗尾猿生活在南美洲，雄猿的脸部就像戴了一个白色的面具一样，长相十分怪异。它的消化能力很强，几乎能吃所有的水果、坚果、种子和昆虫，即使误食了各种各样的毒汁毒液，它也不会受到伤害，被喻为"抗毒之王"。

jīn sī hóu
金丝猴

金丝猴身体上长着柔软的金色长毛，十分漂亮。因其鼻孔极度退化，没有鼻梁，所以鼻孔是仰面朝天的，又叫"仰鼻猴"。与大熊猫一样珍贵，同属"国宝级动物"。

hóng máo xīng xing
红毛猩猩

红毛猩猩是世界上最憨态可掬的哺乳类动物，它们全身长着红褐色的长毛，只有脸部光滑无毛，双臂细长，具有复杂的大脑和宽阔的胸廓，温驯聪明，喜欢恶作剧。它们也会制作并利用工具来取出果实，挖蜂巢中的蜂蜜，或者掏树洞中的白蚁。

dà xīng xing
大猩猩

大猩猩是灵长目中最大的动物，站立时高1.3米~1.8米，上肢比下肢长，没有尾巴，身上的毛又粗又硬，毛色大多是黑色的，具有复杂的大脑和宽阔的胸廓。几乎所有大猩猩的血型都是B型，和人一样，大猩猩的指纹也各不相同。

松鼠猴

sōng shǔ hóu

松鼠猴的叫声变化多端，共有26种。寻找食物时，会发出"唧唧"声和"啾啾"声互相联络；生气时，会发出吼叫声。松鼠猴的尾巴和身体差不多长，可以缠绕在树枝上。

短尾猴

duǎn wěi hóu

因为幼体颜面呈肉红色，成体鲜红色，又称红面猴。短尾猴是体型最大的猕猴类动物，但是它们的尾巴极短。短尾猴杂食性，结10~30只左右的小群生活。短尾猴生活在中国的南方各省份，以及泰国、缅甸和印度等国。

图书在版编目（CIP）数据

我的动物园·哺乳动物卷 / 刘小涵主编. —成都：
天地出版社，2015.5
 ISBN 978-7-5455-0755-3

 Ⅰ．①我… Ⅱ．①刘… Ⅲ．①哺乳动物纲—儿童读物
Ⅳ．①Q95-49

 中国版本图书馆CIP数据核字（2015）第033240号

我的动物园·哺乳动物卷

主　　编	刘小涵
绘　　图	樊树松　孙琦越　王　蓓　刘铁斌　王翼翔　韩　萌
	李国红　纪津池等
责任编辑	李红珍　李菁菁
封面设计	思想工社
电脑制作	思想工社
责任印制	董建臣

出版发行	天地出版社
	（成都市三洞桥路12号　邮政编码：610031）
网　　址	http://www.tiandiph.com
	http://www.天地出版社.com
电子邮箱	tiandicbs@vip.163.com
经　　销	新华文轩出版传媒股份有限公司

印　　刷	北京盛通印刷股份有限公司
版　　次	2015年5月第1版
印　　次	2015年5月第1次印刷
成品尺寸	185mm×260mm　1/16
印　　张	12.25
字　　数	30千
定　　价	49.00元
书　　号	ISBN 978-7-5455-0755-3

为中国孩子打造世界最好的
动物图鉴 MY ZOO

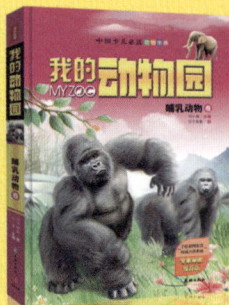

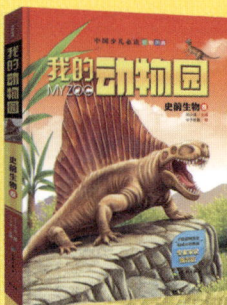

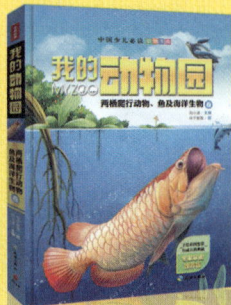

妙趣横生，精彩纷呈

整套丛书充满知识性与趣味性，让你的眼睛看到动物们最不同的一面，让你的视野无限宽广。

科学严谨，专业权威

顶级权威动物专家全面审读修订，用贴近你的理解能力与阅读习惯的语言，选择最具吸引力的知识点，让你爱上阅读！

健康环保，值得典藏

图书使用环保纸张，色泽柔和，保护视力；使用绿色油墨，安全无毒，关爱健康，为你提供全方位的成长呵护。

写实手绘，精致唯美

一流手绘团队倾五年之力精心打造，既还原了真实的动物特点，又增加了手绘唯美的画感，张张图片值得反复欣赏。